I0076870

ENTOMOLOGIE.

OBSERVATIONS A PROPOS DU BOMBYX CYNTHIA.

RELATION

DE QUELQUES CHASSES DE COLÉOPTÈRES RARES

D'ALGÉRIE.

Par M. Ernest COTTY,

Secrétaire-Adjoint de la Société Linnéenne du Nord de la France.

AMIENS,

LEMER Aîné, Imprimeur-Libraire, place Périgord, 3.

—

1867.

S

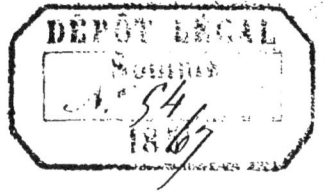

ENTOMOLOGIE.

OBSERVATIONS A PROPOS DU BOMBYX CYNTHIA.

RELATION

DE QUELQUES CHASSES DE COLÉOPTÈRES RARES

D'ALGÉRIE.

Par M. Ernest COTTY,

Secrétaire-Adjoint de la Société Linnéenne du Nord de la France.

AMIENS,

LEMER Aîné, Imprimeur-Libraire, place Périgord, 3.

—

1867.

(Extrait des Publications de la Société Linnéenne du Nord
de la France.)

OBSERVATIONS

A PROPOS DU BOMBYX CYNTHIA.

Dans la réunion de la Société Linnéenne du Nord de la France, qui a eu lieu le 14 octobre dernier, une discussion intéressante s'est engagée entre plusieurs membres, au sujet de l'interprétation à donner à l'article 2 des statuts organiques de la Société.

Cet article est ainsi conçu :

« La Société a pour but :

» 1° De répandre le goût des sciences naturelles, et d'en faciliter » les progrès, par tous les moyens possibles ;

» 2° D'explorer tous les pays qu'elle embrasse, sous les rapports » zoologique, botanique et géologique ;

» 3° De réunir tous les matériaux nécessaires pour former une » Faune, une Flore et une histoire géologique du pays ;

» Et 4° De recueillir tous les produits naturels du pays, pour ɩ une collection locale. »

Il est évident, d'après les trois derniers paragraphes de l'article 2, que la Société Linnéenne, ainsi que l'in-

dique sa qualification *du Nord de la France,* doit s'oc-
cuper, avant tout, et d'une manière presque exclusive,
des produits naturels renfermés dans la zône des cinq
départements de la Somme, de l'Oise, de l'Aisne, du Pas-
de-Calais et du Nord, qui composent sa circonscription.

Mais il n'en reste pas moins évident pour cela, et je
crois partager l'opinion de la plupart des membres de la
Société, que le premier paragraphe de ce même article 2
assigne une extension beaucoup moins restreinte à l'interprétation du réglement, puisque ce paragraphe tend,
au contraire, à répandre le goût des sciences naturelles et
à en faciliter les progrès, par tous les moyens possibles.
Or, cette expression : tous les moyens possibles, nous
donne la latitude, pour ne pas dire le droit, sans en faire
abus néanmoins, de présenter de temps en temps quelques
observations en dehors de celles qui se rattacheront ordi-
nairement, puisque c'est le principe fondamental, à la
Faune et à la Flore du Nord de la France.

Partant de cette base, j'admets sans difficulté que le
Bombyx cynthia, le ver à soie de l'Ailante, dont il a été
question dans la dernière séance, trouve place quelquefois, bien qu'exceptionnellement, dans nos dissertations,
que des articles spéciaux lui soient consacrés et soient
même insérés dans les *Mémoires de la Société ;* par les
raisons majeures que cet insecte est d'une utilité incon-
testable, que son acclimatation n'est plus un simple fait
à l'état d'expérimentation, dans certains points de la
France, mais un fait accompli ; et que sa naturalisation
elle-même n'est pas loin d'être réalisée. Dans tous les cas,
nul ne peut méconnaître aujourd'hui que ce papillon est

destiné, dans un avenir prochain, à doter le pays d'une richesse de plus, ce qui est le point capital.

Le *Bombyx cynthia*, quoiqu'il ne soit pas considéré comme lépidoptère français, est bien et dûment naturalisé français, par la force des choses, c'est-à-dire, des expérimentations, par sa propagation facile et croissante, sans le secours de l'homme, par son indigénéité plus que espérée aujourd'hui et même presque reconnue dans quelques contrées.

Peu importe alors, non pas uniquement au point de vue purement entomologique, mais à un point de vue synthétique et philosophique, que son introduction en France date de plus ou moins loin ; 50, 100, 200 ans ne font alors plus rien à son assimilation à d'autres Bombycides du pays, en présence du rang qu'occupe actuellement ce précieux séricifère, chez nous, où il aura bientôt droit absolu de cité, au moins à l'égal du *Bombyx mori*, son congénère du mûrier, pareillement exotique, qui ne peut prétendre qu'à l'acclimatation, et jamais à la naturalisation.

Du jour où un Allemand, un Espagnol ou un Arabe, passez-moi cette comparaison, sont naturalisés Français, ils sont, de par la loi, parfaitement Français.

La naturalisation, pour ainsi dire faite, selon moi, du ver à soie de l'Ailante, ou vernis du Japon, ne doit donc pas plus faire question que celle de cet arbre sur lequel il vit et file son cocon, en plein air et en liberté.

L'arbre s'est acclimaté chez nous, depuis un siècle ou deux, je n'en sais rien au juste ; personne ne songe maintenant, à cause de sa grande et facile propagation, à le considérer comme exotique, bien qu'il n'ait pas cessé de l'être, en principe.

L'Ailante attendait, dans nos parages, son habitant principal, comme la Terre a attendu si longtemps le sien, l'Homme ! Le végétal précédant l'animal, c'est la loi primordiale du Monde.

Telle plante ou tel être animé qui sont aujourd'hui encore étrangers, demain deviendront indigènes, c'est-à-dire seront considérés comme tels, quoique, bien entendu, ils ne soient pas destinés à figurer dans les catalogues des faunes ou des flores du pays. La consécration de plusieurs centaines d'années ne fait absolument rien à leur adoption d'une nouvelle patrie, ou mieux à l'agrandissement de leur patrie primitive. Lorsqu'ils s'y plaisent, s'y portent bien et s'y reproduisent facilement, c'est l'essentiel. Car, pour les végétaux comme pour les animaux, on peut appliquer ici ce vieil adage : *Ubi benè, ibi Patria.* C'est simplement la réalisation de la grande et universelle loi du progrès, ou, si l'on préfère, de la progression ascendante du bien au mieux, qui se manifeste dans toutes les œuvres de la création. Tout a été fait pour tous. Telles sont les prévisions de la bonne mère Nature, si inépuisable et si variée dans ses ressources fécondes ?

Ainsi, le châtaignier et le cerisier nous viennent de l'Asie-Mineure ; le prunier est originaire de Syrie ; le pêcher, de Perse, et l'abricotier, d'Arménie ; enfin nous devons, comme chacun sait, la pomme de terre et le tabac au Nouveau-Monde.

Qui s'oppose donc à ce que ces plantes figurent dans

nos flores indigènes, pourvu qu'on ait soin de rappeler que la France n'est pour elles qu'une patrie adoptive, une augmentation de territoire ?

A peu d'exceptions près, la plupart des auteurs, et je comprends parfaitement leurs motifs, fort rationnels en principe, s'attachent à revendiquer l'origine exotique de toutes ces plantes, et d'une foule d'autres, — fruits ou fleurs, — comme la vigne et les céréales qui couvrent le pays et nous viennent également de contrées lointaines, pour les rejeter de leurs flores indigènes, puisque, effectivement, on ne peut méconnaître leur exoticité originelle. Mais, tôt ou tard, du moins j'en ai l'espoir, on arrivera à les indigénéiser, ou à les assimiler aux végétaux réellement indigènes.

Cela est tellement vrai que beaucoup de ces arbres fruitiers cités plus haut, quoiqu'ils soient cultivés depuis des siècles en France, ne figurent pas, comme indigènes, dans les nomenclatures de botanique du pays, malgré leur état complet d'acclimatation, qui est un droit de conquête ; par la raison qu'ils ne peuvent et ne pourront jamais se propager, je ne dis pas spontanément, pour ne pas faire abus de cette expression qui nécessiterait des explications longues et délicates, mais naturellement, par graines ou semences. Il leur faut absolument, indispensablement, la culture et les soins de l'homme ; car peu d'arbres, en effet, d'origine étrangère, se ressèment d'eux-mêmes, et retournent à l'état sauvage et primitif, ce qui constitue la naturalisation.

Ce qui vient d'être dit, à propos de botanique, s'applique également à la zoologie. Il est donc inutile de s'étendre davantage sur ce point de comparaison ; chacun sait que le cheval, le chien et le chat, dans leur état actuel de domesticité chez nous, ainsi que les gallinacés de nos basses-cours, sont des animaux d'origine exotique.

Peu de races d'hommes sur la terre sont demeurées autochthones ou aborigènes. L'homme lui-même n'est donc indigène presque nulle part.

Enfin, s'il est possible, jusqu'à une certaine limite, d'acclimater une infinité d'êtres vivants ou de plantes, je crois, pour ne pas être exclusif, qu'il est beaucoup plus difficile de les naturaliser d'une manière définitive et irrévocable.

Il en sera de même pour l'acclimatation et la naturalisation de certains insectes, à cette différence près pourtant, que le succès sera plus assuré, c'est-à-dire plus facile à obtenir pour eux, que dans le règne végétal ; car l'animal peut se soustraire, au moins en partie, aux vicissitudes de l'atmosphère, que la plante, elle, est forcée de subir.

Quant à les étiqueter indigènes ou exotiques, dans les classifications, par suite de convenances et de traditions scientifiques fort respectables, devant lesquelles on doit s'incliner, et qui ont assurément leur raison d'être, mais qui peuvent être modifiées, selon les temps et les lieux, cela ne saurait en rien amoindrir leur position présente de naturalisation et surtout leur utilité de transportation.

En résumé, et pour en revenir à notre sujet, après cette longue digression, faut-il attendre que le ver à soie de l'Ailante encombre nos magnaneries et nos manufactures de ses riches produits, pour désirer l'admission en

France de ce beau papillon, comme indigène, ou indi-
généifié par assimilation, si l'on veut, sans perdre de
vue toutefois son origine exotique, qui est son histoire à
lui, comme nous avons, nous, sans comparaison, notre
histoire anthropologique ?

Dans ce cas encore, grâce à la persévérance et aux
savantes études de M. Guérin-Méneville, membre de
l'Institut, et grâce aux recherches approfondies des séri-
ciculteurs et des entomologistes modernes, je crois et
j'espère qu'on n'attendra plus longtemps, sinon pour
l'admettre dans nos catalogues de France, (ce qui je le
répète, n'est qu'une hypothèse, un désir) au moins pour
reconnaître et constater formellement son acclimatation
et sa naturalisation absolues.

A quiconque a vu, comme il m'a été donné de l'admirer,
à l'Exposition des insectes utiles et des insectes nuisibles,
au Palais de l'Industrie, en 1864, des milliers de *Bombyx
cynthia*, bien vivants, magnifiques, venant de sortir de
leurs chrysalides, une idée a dû naturellement venir à
l'esprit; et cette idée, la voici : C'est que ce splendide
lépidoptère est appelé à devenir définitivement et à tout
jamais, dans certaines contrées favorables, dans un
milieu entièrement à sa convenance, une acquisition
pour la Faune du pays, sinon en principe, du moins en
réalité.

Car enfin, il faut être logique : Si l'on refuse la naturalisation au *Bombyx cynthia*, sous prétexte de par-
ticipation auxiliaire, de tutelle plus ou moins étendue, de
la part de l'homme, dans la reproduction et dans la
réglementation de la marche ascendante de son espèce ;

à *fortiori* devrait-on la refuser plus obstinément encore,
cette naturalisation, qui n'est qu'une simple acclimatation, pour le *Bombyx mori*, le ver à soie du mûrier
blanc, le *Sericaria* ou le *Lasiocampus mori* des auteurs,
comme on voudra l'appeler ; attendu que ce dernier,
d'origine chinoise également, et que les historiens du
Céleste-Empire, font remonter, sous le rapport de la soie
qu'il donne, à une époque très-reculée, ne vit pas, dans
nos climats, d'une manière naturelle et en plein air,
comme son similaire, la chenille séricifère de l'Ailante ;
car il faut l'élever, pour ainsi dire, à la brochette, lui
choisir et lui préparer sa nourriture, son habitation, le
chauffer à une température ambiante réglée, enfin assurer
et diriger sa croissance par des procédés artificiels.
Cependant le *Bombyx mori*, s'il n'est pas considéré
comme indigène, figure néanmoins à peu près à ce titre,
dans quelques-unes de nos classifications d'Europe ; ce
séricaire du mûrier n'a donc sur celui de l'Ailante que
sa priorité, son ancienneté d'introduction en France,
mais non son acclimatation, et moins encore sa naturalisation, j'insiste sur ce point, puisqu'il ne peut vivre
et se reproduire dans nos climats qu'à des conditions
factices et minutieusement compliquées.

« La culture du mûrier, dit le docteur Chenu, dans
» son *Encyclopédie d'Histoire naturelle*, Lépidoptères,
» page 9, passa en Angleterre dès le quinzième siècle,
» et de là se propagea rapidement. La marche de cet
» arbre, et par conséquent de l'insecte qu'il nourrit, se
» continua assez rapidement depuis cette époque, et,
» dans ces derniers siècles, on vit la Belgique, la Prusse,

» l'Allemagne, la Suède, et même quelques provinces
» de la Russie, telles que le Caucase et l'Ukraine,
» obtenir les cultures du mûrier et du ver à soie. »

Il est indubitable que le *Bombyx cynthia* ne peut que
continuer la même marche progressive, pour son dé-
veloppement complet, non seulement en France et en
Europe, mais dans tous les pays de la Terre où l'Ailante
pourra pousser ; et il est certain que cet avantage s'ob-
tiendra avec plus de succès et de rapidité encore, pour
lui, que pour le *Bombyx mori*, par la raison que la
propagation de son espèce offre beaucoup plus de facilité
et de certitude, puisqu'il s'élève seul, je le répète, d'après
les lois ordinaires de la nature, et non artificiellement,
avec le secours et la direction vigilante de l'homme, ce
qui a lieu pour le *Bombyx* du mûrier.

Voilà pourquoi je trouve rationnel que le ver à soie
du vernis du Japon ne soit plus traité comme un étranger
en France ; qu'il soit au contraire, sous le rapport de son
état mixte, qui deviendra sans doute bientôt un état réel
d'indigénéité, considéré au moins sur le même pied
d'égalité que le ver à soie du mûrier, qui n'est certes
pas plus acclimatable que lui, et surtout qui n'est pas
naturalisable, (j'allais dire naturalisé), comme le *Bombyx
cynthia.*

Amiens, 26 Octobre 1866.

APPENDICE.

___

Un fait remarquable vient de corroborer pleinement.
et au-delà de toute espérance, les observations qui pré-
cèdent, au sujet du *Bombix cynthia*.

Le 3⁰ trimestre 1866 des *Annales de la Société entomologique de France*, dans la séance du 26 septembre,
et que je viens de recevoir en janvier 1867, contient ce
qui suit :

— « M. Guérin-Méneville donne lecture d'une note, sur la natu-
» ralisation en France du ver à soie de l'Ailante ou *Bombyx*
» *cynthia*, insecte lépidoptère propre à la Chine :

» On sait que l'acclimatation et la naturalisation sont les deux
» modes par lesquels l'homme peut s'approprier l'usage des ani-
» maux et des végétaux utiles.

» L'acclimatation rend un animal ou un végétal propre à vivre
» et à perpétuer son espèce dans des lieux différents de ceux qu'il
» habitait d'abord ; mais elle ne peut avoir lieu sans le secours de
» l'homme, et c'est par elle qu'il a conquis la plupart des quarante-
» sept animaux domestiques qu'il possède sur toute la surface de
» la terre.

» Quant à la naturalisation, qui consiste à amener un être à
» vivre dans d'autres lieux, comme y vivent les espèces qui sont
» naturelles à ces lieux, sans le secours de l'homme et à l'état
» sauvage, elle est beaucoup plus rare, surtout chez les animaux,
» et je crois que l'on ne peut citer comme étant complétement dans
» ces conditions que le lapin qui, transporté du midi dans des pays
» plus septentrionaux, s'y est d'abord acclimaté et a fini par y

» vivre et s'y reproduire sans le secours de l'homme et comme les
: autres espèces indigènes.

» Tel est le cas du ver à soie de l'Ailante, que j'ai introduit en
» France en 1858. Cette magnifique espèce, élevée dans le nord de
» la Chine où sa soie à bon marché concourt à l'habillement des
» populations de ce vaste pays, est arrivée à ce haut degré d'accli-
» matation. Ainsi que nos espèces indigènes et sauvages, elle
» hiverne chez nous et s'y reproduit seule sans aucun secours ; en
» un mot, elle est *naturalisée*.

» La preuve de cette naturalisation résulte d'un fait très-intéres-
» sant et très-remarquable qui m'a été signalé ces jours-ci par M.
» Gillet-Damitte, inspecteur de l'enseignement primaire. Ce savant
» agronome vient d'observer à Paris même, dans le jardin de M.
» le curé de la nouvelle paroisse de Saint-Éloi, rue de Reuilly, 36,
» un assez grand nombre (25 à 30) de chenilles du ver à soie de
» l'Ailante (*Bombyx cynthia*) dévorant les feuilles des deux seuls
» Ailantes qui existent dans ce jardin, et y tissant leurs cocons.

» Comme personne n'a apporté ces vers à soie dans le jardin de
» M. le curé de Saint-Éloi, il est évident que des œufs ont été
» déposés sur ces arbres par des papillons dont les cocons avaient
» passé l'hiver dehors dans quelque plantation d'Ailantes destinée
» à l'élevage de ce nouveau ver à soie, ou sur quelques-uns de ces
» arbres cultivés dans les parcs et promenades de Paris et de ses
» environs.

» Du reste, quelques observations analogues avaient déjà été
» faites. On avait trouvé des œufs du *Bombyx cynthia* sur des Ailantes
» assez éloignés des lieux où l'on élevait ce ver à soie, et je savais
» qu'on avait rencontré des *cynthia* libres près d'Agen ; mais je
» n'avais attaché qu'une médiocre importance à cette annonce.
» Aujourd'hui, il n'en est plus ainsi, et l'on peut dire que M. Gillet-
» Damitte vient de constater de la manière la plus positive un fait

» très-rare dans l'histoire des animaux, la *naturalisation* accomplie
» en France d'un ver à soie de Chine, récemment importé, quand
» nous n'en sommes encore, relativement au ver à soie ordinaire
» du mûrier, et après des siècles, qu'à une simple acclimatation. »

« Au sujet de cette communication, diverses remarques sont
» présentées, tendant toutes à démontrer la naturalisation du *Bom-*
» *byx cynthia.* »

« M. L. Buquet dit qu'aux Ternes, dans un jardin de la rue des
» Acacias, on a pris un papillon de cette espèce à l'état parfait. »

« M. Girard rapporte que M. Simon a trouvé cette année plu-
» sieurs chenilles de *cynthia* dans un jardin, rue Cassette, à Paris. »

« M. Goossens fait remarquer qu'il a rencontré dernièrement une
» chenille de ce papillon dans la pépinière du jardin du Luxem-
» bourg ; et que précédemment, deux ans avant l'exposition qui
». avait été faite par M. Guérin-Méneville, il avait capturé deux
» autres chenilles au bois de Boulogne. »

« M. E. Desmarest indique également un fait semblable, observé
» en 1865 par son neveu, M. Eugène Faulconnier : il s'agit encore
» de deux chenilles de *cynthia* prise sur un Ailante dans une cour
» de l'ancien hôtel Carnavalet, rue Culture-Sainte-Catherine. »

RELATION

DE QUELQUES CHASSES DE COLÉOPTÈRES RARES

D'ALGÉRIE.

Je vais avoir l'honneur de faire part à la Société de
quelques chasses de Coléoptères rares d'Algérie. Ces
chasses offrent des particularités, et même quelquefois
de petits épisodes, qui ne sont pas, je crois, dépourvus
d'un certain intérêt.

Quoique ne citant qu'un nombre d'insectes fort res-
treint, je suivrai l'ordre établi dans le nouveau catalogue
de M. de Marseul.

Je dirai, pour commencer, que j'ai déjà eu occasion,
en 1859, de parler des mœurs de la *Megacephala euphratica.*

La notice que j'ai faite alors sur cet insecte, et qui a
eu la faveur insigne et inattendue d'être insérée dans
une publication importante, explique avec détails la
marche à suivre, pour faire avec succès la chasse de ce
beau et rare *Cicindélide.* Cette notice pouvant trouver sa
place ici, je n'hésite pas, afin d'éviter des redites, dans
une nouvelle description, à la reproduire textuellement,
parce que je tiens à entretenir la Société de cet insecte,
qui est, comme chacun sait, le premier de tous, quant

à son classement, dans les collections de coléoptères d'Europe.

CICINDÉLIDES.

MEGACEPHALA EUPHRATICA. *Oliv.*

Orau.

Plusieurs de mes correspondants en entomologie qui ne se sont pas trouvés à proximité des lieux, partout identiques, où se tient invariablement la *Megacephala euphratica*, m'ont fourni, dans la pensée de m'être agréables, des indications presque toujours erronées ou au moins fort incomplètes sur l'habitat de ce bel insecte et sur la manière de se le procurer ; c'est afin de rectifier ces erreurs et ces fausses données, que je me suis hasardé à présenter à la Société quelques observations consciencieuses et personnelles, qui, je l'espère, pourront servir aux entomologistes à la recherche du Coléoptère en question.

Les endroits où j'ai rencontré la *Megacephala* (d'après Latreille) ou la *Tetracha* (d'après Guérin) *euphratica*, ne sont pas des lacs salés (*chotts*) proprement dits, mais bien des salines profondes, naturelles, où la main de l'homme n'a rien fait, et qui contiennent, en été, une croûte de sel assez épaisse pour permettre d'en faire avantageusement l'exploitation.

Ce n'est pas sous cette enveloppe cristallisée qui recouvre une fange noire et épaisse, au milieu du marais salant même, que se tient la *Megacephala euphratica*, mais exclusivement sur les bords, qui sont généralement dominés par des berges assez élevées, ou sur le bas du versant de ces berges ; elle habite dans la terre humide et grasse, à une profondeur d'environ deux pieds, et il est facile de reconnaître sa demeure, qui se révèle à la surface sèche du sol par un orifice circulaire, juste de la grosseur de l'insecte. Lorsque le trou est habité, il se présente sous un aspect de rondeur parfaitement net et intact ; si, au contraire, il n'est plus occupé, le vent, la pluie, ou tout autre cause, en détruisent la régulière circonférence, soit en l'ébréchant, soit en l'obstruant en partie, soit enfin en le couvrant de légères toiles d'araignées ; il n'y a donc plus guère d'incertitudes possibles de ce côté.

Mais il est trop pénible de creuser avec la pioche ou la bêche aussi profondément, en plein soleil, et souvent infructueusement, dans une terre glaiseuse et agglutinante ; il est préférable et plus sûr d'attendre et de guetter l'insecte à sa sortie. Cette sortie n'a pas lieu, la nuit, comme cela m'a été répété plusieurs fois et comme je l'ai lu dans quelques ouvrages, mais au crépuscule, matin et soir, une heure avant le coucher du soleil et une demi-heure avant et après son lever, c'est-à-dire jusqu'à ce que la chaleur soit devenue assez forte pour faire rentrer l'insecte dans sa demeure souterraine. A ce moment de la journée, en effet, on voit courir des Mégacéphales avec vitesse et en grand nombre, à peu de distance de leurs gîtes ; cependant il est facile, malgré leur course rapide, de s'emparer de ces Cicindélides, qui ne font pas usage de leurs ailes.

Elles supportent bien l'esprit de vin, mais il est

prudent de ne pas les y laisser séjourner trop longtemps, dans la crainte de voir se ternir leurs brillantes couleurs.

J'ai fait, en outre, la remarque que la Mégacéphale, qui se tient toujours dans l'humidité et à l'ombre, lorsqu'elle est au repos, à l'état de larve comme à l'état d'insecte parfait ; qui ne sort de sa retraite qu'au point du jour et à la fin du jour, à la fraîcheur, en un mot, puisque décidément c'est un insecte crépusculaire, ne se montre cependant que dans les trois mois les plus brûlants de l'année, — juin, juillet et août.

Je me suis assuré du fait de ses heures de sortie, et je suis parfaitement fixé maintenant à cet égard. Je constate donc que, m'étant rendu une nuit aux salines, par un brillant clair de lune (de deux heures à quatre heures du matin, ayant quitté Oran en voiture, à minuit), je n'ai rien trouvé alors ; j'ai continué stoïquement à chercher, malgré mon peu de succès nocturne, à cette heure indécise où les Arabes disent, d'une manière pittoresque, qu'on commence, mais bien juste, à *distinguer un fil noir d'un fil blanc*, je n'ai rien trouvé non plus ; ce n'est qu'à l'aurore, quand l'horizon se colore de teintes rougeâtres assez vives du côté de l'orient, que j'ai vu enfin, avec une grande joie, sortir et courir en quantité considérable la *Megacephala euphratica*, qui était l'objet de mes recherches passionnées.

Je crois qu'avec des détails aussi précis et surtout aussi minutieusement exacts, ce beau Coléoptère, trouvé d'abord en Asie, puis en Egypte, puis en Algérie, puis enfin en Espagne, finira peut-être par être découvert également en France, dans des conditions analogues à

celles que je viens d'énumérer ; cependant je ne pense
pas qu'on puisse jamais le rencontrer sur le bord des
marais-salants artificiels, où les travaux de terrassements
se renouvellent trop souvent. S'il doit être compris, plus
tard, dans la faune de notre pays (mais ceci n'est toutefois
qu'une espérance que rien n'autorise avec certitude), ce
devra être la plaine de la Camargue en Provence, ou
même la Charente-Inférieure, l'île d'Oléron, par exemple,
qui le produira, ou plutôt qui révélera son existence
dans cette région, quoique cette île ne soit située qu'au
46ᵉ degré de latitude ; car là aussi il y a beaucoup de
salines, et la chaleur y fait croître, d'une manière remarquable, un grand nombre de plantes tout-à-fait méri-
dionales.

CICINDELA LITTOREA. *Forskal.*

Oran.

Comme bon insecte, poursuivi dans l'emplacement
d'anciens marais saumâtres des environs d'Oran, mais
complètement desséchés en été, je citerai la *Cicindela
littorea,* dont la chasse n'offre pourtant rien de bien
particulier ; si ce n'est qu'il faut se servir, pour la
capturer facilement, d'un filet à papillons, au plus fort de
la chaleur, en juillet et août, ce qui n'est pas toujours
d'un charme fort attrayant. Mais, à ces conditions-là, on
peut en prendre autant que l'on veut. Une précaution à
observer encore, c'est qu'il ne faut pas se placer en face
de cette Cicindèle, pour abattre sur elle le filet ; il faut
éviter aussi, lorsque le soleil n'est plus au zénith, que

votre ombre ne vienne l'entourer, car comme toutes ses congénères, elle s'envole sur-le-champ.

L'été étant pour cet insecte le moment de l'accouplement, on en prend souvent alors deux à la fois, le mâle et la femelle.

CARABIDES.

CARABUS AUMONTI. *Luc.*

Algérie occidentale.

Je n'ai jamais pu réussir à rencontrer ce beau Carabe, qui a été découvert, il y a environ 18 ans, dans les provinces de l'ouest de l'Algérie, par M. d'Aumont. Mais comme j'ai tenté différents moyens pour le trouver, je crois devoir relater les principales recherches que j'ai faites dans cette intention.

J'étais placé à l'extrême occident de la province d'Oran, sur les frontières du Maroc, par conséquent dans des conditions locales qui me paraissaient propices pour prendre sûrement cet insecte, s'il eût existé dans la contrée.

Il y a près de Lalla-Maghrnia, d'anciens *silos*, au nombre de plus de deux cents, abandonnés par les Arabes, qui y déposaient autrefois leurs grains, avant la création de la redoute, qui est occupée par une petite garnison Franco-Arabe et quelques colons.

L'idée me vint de descendre dans un certain nombre de ces silos et de les examiner avec soin. Je fis, à cet effet, transporter une échelle, et m'étant chaussé de grandes bottes à l'écuyère, dans la crainte d'avoir maille à partir avec des reptiles peu commodes, je me hasardai à descendre dans ces espèces de magasins souterrains, circulaires, et n'ayant qu'une petite ouverture à la surface du sol, de manière à laisser le passage à un homme. J'explorai de la sorte une vingtaine de silos ; mais je n'y trouvai rien que quelques Carabiques assez communs, et, en outre, des Ophidiens inoffensifs, des Sauriens, entre autres des Caméléons, des Batraciens, ainsi que des Scorpions, tous ces animaux engourdis pour la plupart et cachés sous des pierres ou des mottes de terre. Presque tous étaient tombés là par accident et ne pouvaient plus remonter. Je renouvelai cette expérience à différentes époques de l'année, et jamais avec plus de réussite ; d'où je conclus qu'il fallait renoncer à l'espoir de trouver le *Carabus Aumonti* aux environs de Maghrnia.

J'avais pratiqué aussi, antérieurement, des trous un peu profonds dans la terre, en plusieurs endroits, et j'y avais déposé comme appât des morceaux de viande crue, moyen très-connu, du reste.' J'aperçus, dans ces petites cavités, une foule d'insectes, entre autres le *Carabus Maillei, Sol.*, assez répandu dans ces parages, et d'autres coléoptères carnassiers et nécrophiles, mais point le *Carabus Aumonti*, que j'aurais tant désiré découvrir.

CLAVICORNES.

HISTÉRIDES.

MARGARINOTUS SCABER. *Fab.*

Lalla-Maghrnia.

La première fois que j'ai trouvé cet insecte remarquable, c'était, par aventure, à Maghrnia, en soulevant avec un bâton des squelettes de chevaux, ou des débris de crins de leur queue et de leur crinière. On voyait d'abord, en grattant dans le sable sous ces ossements, des quantités innombrables de *Trox granulatus*, de *Silpha tuberculata* et *puncticollis*. Enfin je dénichai ce bel Histéride, le *Margarinotus scaber*, sous de vieilles peaux de mouton abandonnées. De là à me procurer plus facilement ce rarissime coléoptère, il n'y avait qu'un pas.

Dans les camps et les petites redoutes, ainsi que dans les *fondoucks* et les caravansérails, qui sont disséminés à de plus ou moins grandes distances en Algérie, et un peu perdus dans l'intérieur, on voit, tout à l'entour, dans des bas-fossés ou dans des ravines un vrai pandémonium de détritus, d'épaves, de débris, de guenilles et de peaux de toutes sortes, qui feraient la fortune et la joie d'un chiffonnier enthousiaste de sa profession. Les règlements de voirie ne sont pas et ne peuvent pas être observés aussi délicatement et aussi scrupuleusement dans ces pays-là qu'en France.

Pour en revenir à mes moutons, c'est-à-dire à leurs peaux, je fis donc rassembler toutes celles que je rencontrais dans les environs de Maghrnia ; j'en fis remplir plusieurs grands sacs, que l'on transporta, sous ma direction, dans des emplacements plus favorables, bien secs, sablonneux, en les éparpillant convenablement.

Au bout d'une huitaine de jours, je n'eus pas la chance de pouvoir qualifier mon stratagème de merveilleux, car je ne ramassai sous mes peaux de mouton si bien disposées, et que j'eus soins de soulever à peine, pour ne pas modifier leur adhérence au sol, que des *Trox* et des *Asida*.

Huit jours après, je fus plus heureux et je commençai à recueillir quelques *Margarinotus* ; je finis enfin par en trouver jusqu'à dix ou quinze, dans une seule expédition, quelquefois quatre sous une même peau, ce qui était un résultat magnifique et surpassant mes espérances. J'avais découvert le moyen unique de réussir.

Cela prouve que ce qu'il y a de plus ingénieux dans la persévérance, c'est quelquefois tout bonnement la continuation soutenue et infatigable de la persévérance.

SAPRINUS CRUCIATUS. *Puyk.*

Alger.

Quant au *Saprinus cruciatus*, qui est aussi une bonne espèce d'Histéride, mais moins rare que le *Margarinotus scaber*, je ne l'ai trouvé cependant qu'une seule fois en Afrique, dans une circonstance fortuite :

Étant à faire une excursion avec un camarade, j'aperçus dans un champ, auprès d'un palmier-nain (*Chamœrops humilis*), un rat-zébré, desséché, mort depuis quelque temps, et que les chacals n'avaient pas su découvrir, immense avantage que j'avais sur eux, ce jour-là.

Je pris ce rongeur et le secouai de manière à faire sortir de sa carcasse ce qu'elle pouvait contenir d'habitants nécrophages. Il en tomba d'abord quelques insectes insignifiants ; enfin un *Saprinus cruciatus* vit le jour. Voulant alors pousser plus loin mes investigations ; je pris mon couteau, et, au grand étonnement de mon compagnon de route, je coupai sans scrupule le rat en quatre morceaux. Il en sortit alors sept ou huit *Saprinus cruciatus,* que je ramassai bien vite pour les introduire dans un flacon d'alcool.

Voilà comment je me suis procuré cet Histéride, qui certes n'est pas à dédaigner.

Cette chasse se passait aux environs d'Alger, il y a déjà plus de douze ans ; mais le souvenir m'en est entièrement présent encore. Enfin j'étais très-content de ma trouvaille. Il faut avoir, assez développé, le goût des productions de la nature, pour comprendre et ressentir ces sortes de satisfactions-là.

LAMELLICORNES.

MÉLOLONTHIDES.

RHIZOTROGUS SUTURALIS. *Luc.*

Lalla-Maghrnia.

Je n'ai capturé qu'exceptionnellement ce beau petit Rhizotrogue, sous les pierres, où se font en Afrique de si abondantes et parfois de si précieuses récoltes entomologiques, en hiver, et où, par parenthèse, se tiennent aussi tant de scorpions, que je tuais impitoyablement. J'en ai détruit plusieurs milliers.

La manière infaillible de trouver ce rare insecte, c'était, après une forte pluie, d'aller faire la chasse ou plutôt la pêche, dans des fossés que l'eau venait de combler. Aux premiers rayons de soleil, une quantité innombrable d'insectes de tous ordres voltigeaient et allaient étourdiment se noyer dans ces fossés ; d'autres y étaient déversés par de petits ruisseaux torrentueux qui les entrainaient, malgré leurs efforts énergiques pour échapper à un déluge en miniature, mais qui prenait pour eux les proportions d'un véritable cataclysme.

C'est là surtout que j'ai pêché, tout simplement au bout d'un bâton, le *Rhizotrogus suturalis*, qui est une nouvelle espèce pour la faune d'Algérie.

Je prenais en cet endroit, de la même façon, le *Rhizotrogus gonoderus*, *Fairm.*, fort bon insecte aussi, avec le *Rhizotrogus truncatipennis*, *Luc.*, puis des Méloés, et surtout en abondance de petits Curculionides appartenant à divers genres.

STERNOXES.

BUBRESTIDES.

ACMŒODERA PULCHRA. *Fab.*

Lalla-Maghrnia.

Je dois une mention toute spéciale à la chasse de ce superbe coléoptère.

J'avais remarqué depuis longtemps un vieux madrier de peuplier, qui était étendu par terre, sans doute tombé d'une charrette qui le transportait ; soit par négligence, soit autrement, on l'avait laissé là tout près de la redoute.

L'idée me vint de faire quelques incisions, au moyen d'un écorçoir, à la surface de cet arbre vermoulu, lorsque j'aperçus, dans le cours de mon opération, une simple élytre, fond bleu foncé, traversé de trois lignes d'un carmin éclatant. Je jugeai, du premier coup-d'œil, que cette élytre devait apartenir à un insecte de la famille des Buprestides.

Alors je rentrai chez moi, où je pris deux hommes, et je leur fis transporter sur-le-champ dans mon logement le peuplier en question. On le scia d'abord en trois ou quatre tronçons ; on fendit ensuite ces énormes bûches, et alors je me livrai à une besogne longue et méticuleuse, mais qui fut couronnée du plus heureux succès. Je trouvai en quantité la larve et l'insecte parfait de l'*Acmæodera pulchra*, en coupant au couteau, et en les débitant comme des allumettes, tous les morceaux de bois que j'avais fait fendre. Je terminai le lendemain mon travail de patience, interrompu par l'arrivée de la nuit.

Voilà le procédé que j'employai pour mettre en ma possession ce splendide insecte, qui a dû être fort surpris de voir le jour avant l'époque ordinaire de son évasion.

MALACODERMES.

CÉBRIONIDES.

CEBRIO FEMELLE, d'Espèce non déterminée.

Lalla-Maghrnia.

Si je possède cet insecte rare, je le dois à une circonstance aussi extraordinaire qu'inattendue.

Je réunissais alors un spécimen d'œufs d'oiseaux de la localité ; j'avais remarqué sur les parois des hautes berges de sable qui bordent le petit cours d'eau, affluent de la Tafna, lequel coule au milieu des lauriers-roses à Lalla-Maghrnia, des trous ayant une grande profondeur, dans le sens horizontal, et creusés par des Guêpiers qui y déposaient leurs œufs.

Voulant absolument enrichir ma petite collection de cette espèce d'œufs, assez difficile à se procurer, je fis porter des pioches en-haut de ces berges ; là, nous nous mîmes à l'œuvre, ceux qui m'accompagnaient et moi, pour arriver, à force d'enlever du sable avec nos outils, à deux ou trois pieds de profondeur, jusqu'à l'endroit où les Guêpiers avaient pratiqué le passage de leurs nids. Je trouvai parfaitement les œufs que je voulais avoir.

Mais il s'agit ici d'entomologie. Tout en piochant, je vis apparaître le fameux Cébrionide dont je raconte la trouvaille ; je l'examinai attentivement, sans pouvoir déterminer alors à quel genre et encore moins à quelle espèce il appartenait.

Je l'ai envoyé plus tard à Paris en communication, avec d'autres insectes, à M. Léon Fairmaire, qui a eu la bonté de me les nommer presque tous ; celui-là est du nombre de ceux qui ne l'ont pas été, de sorte que je suis encore sans posséder son nom spécifique.

TÉNÉBRIONIDES.

SÉPIDIDES.

SEPIDIUM UNCINATUM. *Erich.* — **SEPIDIUM WAGNERI.** *Erich.*

Lalla-Maghrnia.

Pendant longtemps, à Maghrnia, dont je suis obligé de parler très-souvent, parceque j'y ai considérablement chassé, je ne trouvais d'abord ces deux bons insectes qu'accidentellement, par-ci par-là, blottis près des pierres, à l'abri du vent, et exposés au soleil du printemps ; mais enfin j'ai réussi à découvrir leur véritable habitat.

Le *Sepidium uncinatum* se tient en abondance au beau milieu d'une route, celle qui va à Tlemcen, et qui, se bifurquant, conduit aussi à Gar-Rouban, où l'on exploite des mines de plomb argentifère ; il pullule là sur de petits îlots proéminents d'un terrain sablonneux, couverts de broussailles, et respectés par les rares voitures, les chevaux ou les dromadaires qui circulent dans cette direction.

Le *Sepidium Wagneri* se rencontre en quantité aussi dans un autre endroit, également sablonneux, mais entièrement aride, à peu de distance des silos dont j'ai parlé plus haut.

Ces deux républiques de Sépidides ne sont pas très-éloignées l'une de l'autre.

Je pourrais entretenir la Société d'un grand nombre d'autres insectes et de particularités qui se rapportent aux procédés variés, employés pour leur faire la chasse, mais je craindrais de trop m'étendre et de rendre mon sujet fastidieux.

Cependant je veux indiquer, en passant, le système de bouts de bougies allumées, placées près de grottes, dans le fond d'un ravin, au Frais-Vallon, à Alger, moyen dont je me suis servi avec avantage, pour prendre non seulement des Coléoptères crépusculaires, mais aussi bon nombre de papillons de nuit, qu'il n'entre pas dans mon cadre de décrire.

CURCULIONIDES.

BRACHYDÉRIDES.

Amomphus Cottyi. *Luc.*

Lalla-Maghrnia.

Au printemps de 1858, avec un de mes employés, tous deux le fusil sur l'épaule et escortés en outre de trois ouvriers d'administration, armés de leurs mousquetons, je quittais la redoute de Maghrnia, pour aller faire une reconnaissance entomologique, à plus d'une lieue de là, dans les lentisques qui couvrent la plaine à perte de vue.

Le pays n'est pas sûr ; il est infesté de maraudeurs marocains, (surtout de la tribu montagnarde des Beni-Snassen, dont on a tant parlé lors de l'expédition de 1859 dans le Maroc), lesquels ne manquent pas de dépouiller les voyageurs isolés ou attardés, lorsque l'occasion s'en présente, après leur avoir préalablement coupé la tête. J'ai vu se renouveler maintes fois cette façon sommaire de se débarrasser des *Roumis*, pour les dévaliser, pendant mon séjour de plus de trois ans dans cette agréable résidence. Les officiers qui habitent la redoute, lorsqu'ils s'en éloignent de plus d'un kilomètre, pour aller à la chasse, sont forcés d'informer le commandant supérieur du cercle, de leur absence, et d'être au moins quatre réunis et armés.

C'est de cette façon pittoresque qu'il fallait souvent procéder, pour aller faire un innocente battue de coléoptères.

Donc, au mois de mai 1858, je m'enfonçais dans les

lentisques et les jujubiers-nains, pour tàcher de retrouver un insecte fort joli, de la famille des Curculionides, l'*Ammophus Cottyi,* que j'avais découvert l'année précédente, et qui a été décrit dans les *Annales de la Société entomologique de France,* par M. Lucas, qui a bien voulu me le dédier.

Je retrouvai bien, en pleine floraison, la plante sur laquelle j'avais pris un assez grand nombre d'*Amomphus,* en 1857; c'est une petite fleurette jaune que je serais fort embarrassé de désigner autrement aujourd'hui, et dont je regrette de n'avoir pas alors cueilli quelques exemplaires. J'y suis retourné plusieurs fois, la même année, afin de n'avoir pas à me reprocher de m'y être pris trop tôt ou trop tard; mais je n'ai plus jamais revu ce Charançon d'un beau vert doré.

Enfin je crois qu'on me pardonnera cette historiette, quoiqu'il y soit autant question du chasseur que de la chasse, par la raison que la chasse doit être tout ici, et le chasseur disparaître derrière son récit.

CLÉONIDES.

CLEONUS PUSTULOSUS.

Sebdou.

Puisque j'en suis sur les Curculionides, et en même temps sur les difficultés que présentent certaines explorations entomologiques, je dois encore citer deux ou trois insectes de cette nombreuse famille.

Le *Cleonus pustulosus* me vient de Sebdou, sous les pierres; il rappelle assez le *morbillosus,* mais son faciès général en diffère d'une manière très-sensible.

Pendant la recherche de ce coléoptère, je faisais partie de l'expédition dont je parlais un peu plus haut, qui a opéré en 1859, dans le Maroc, sous les ordres du général en chef de Martimprey ; j'étais dans le sud, avec la colonne du général Durrieu qui a terminé la campagne par la surprise et la défaite de l'ennemi et par une razzia considérable de grains, de moutons et de chameaux.

Là, il m'est arrivé fréquemment de descendre de cheval, d'aller à pied pendant deux ou trois lieues, et de déplacer à la hâte, pendant que la colonne était en route, tous les cailloux que je trouvais sur mon passage.

Nous étions alors à l'entrée du Sahara algérien et du Maroc, dans le désert d'Angad, la région du Sersou ou des Hauts-Plateaux, solitudes dont la physionomie est si curieuse ; nous avions dépassé la source de l'Oued-Isly, et campé près de l'emplacement où se livra, le 14 août 1843, la fameuse bataille d'Isly, remportée sur les Marocains par le maréchal Bugeaud.

Nous avions 50 degrés de chaleur au milieu du jour, et de la glace, la nuit, dès la fin d'octobre.

Je récoltai ainsi au pas de course quelques bonnes espèces de coléoptères, telles que la *Timarcha turbida Erich.*, la *Chrysomela erythromera Luc.*, l'*Adesmia Faremonti Luc.*, et un *Tychius* d'espèce nouvelle dont je n'ai pas le nom, etc., etc. ; puis, en Conchyliologie, plusieurs coquillages rares ou nouveaux, notamment du genre *Helix*, dont j'ai conservé des échantillons, mais dont il n'est pas nécessaire de parler ici.

CLEONUS CRISTULATUS. *Fairm.* — **CLEONUS MARGARITIFERUS.** *Luc.*

Lalla-Maghrnia.

Enfin je dois indiquer encore le *Cleonus cristulatus,* espèce nouvelle décrite par MM. Fairmaire et Coquerel, en 1860, et le *Cleonus margaritiferus.*

J'ai trouvé en même temps ces deux insectes, si remarquables, le *cristulatus* surtout, qui est magnifique à la loupe, à deux pas de la porte de la redoute de Maghrnia, sous de très-petites pierres, au commencement de l'hiver. J'étais passé par là maintes et maintes fois, depuis trois ans, sans me douter qu'il pût y exister des raretés aussi précieuses.

Ces Cléonides avaient leurs gîtes sur la déclivité la plus accentuée d'un terrain naturellement fort en pente. Le *Cleonus cristulatus* occupait le bas et le *margaritiferus* le haut du même talus.

J'ai tenu à mentionner ces deux Curculionides, pour prouver une fois de plus que le hasard, dans les chasses entomologiques, joue parfois un rôle aussi important qu'imprévu.

LONGICORNES.

CÉRAMBYCIDES.

PURPURICENUS BARBARUS. *Luc.* — **PURPURICENUS DUMERILI.** *Luc.*

Lalla-Maghrnia.

Le *Purpuricenus barbarus* est le mâle du *Purpuricenus Dumerili.* Je n'en parle que pour constater ce fait, que j'ai été à même de vérifier souvent, par l'accouplement

invariable de ces deux beaux Longicornes, que j'ai trouvés en abondance à Maghrnia, au bord d'un ruisseau,
sur de grands chardons à fleurs jaunes.

On en a fait deux espèces distinctes, comme cela arrive
quelquefois ; mais il est bon d'afirmer que l'un, le *barbarus*, est le mâle, et le ***Dumerili*** la femelle d'une seule et
unique espèce.

La chasse de ces deux insectes n'offre, du reste, rien
de particulier.

CALLIDIDES.

HESPEROPHANES AFFINIS, *Luc.*

Lalla-Maghrnia.

Cet autre Longicorne est crépusculaire, presque nocturne ; il voltige le soir, attiré par les lumières, auprès
des maisons ou des *gourbis*. On le prend assez commu-
nément, en été, quand on veut bien s'en donner la peine,
lorsqu'on est assis sur des nattes, en plein air, à respirer
la fraîcheur du soir.

Le *Lampyris mauritanica Luc.*, de la famille des
Malacodernes, se capture de la même manière, mais dans
l'intérieur des habitations, à la clarté de la bougie,
lorsque les croisées sont ouvertes.

Je vais terminer cette petite relation, en racontant à
quoi l'on peut être exposé, dans certaines circonstances
et dans certaines contrées de l'Algérie, lorsqu'on veut
pousser un peu trop loin la curiosité ou la passion de
l'Histoire naturelle.

C'était en 1851; j'étais attaché à la colonne expédi-
tionnaire qui guerroyait en Kabilie sous les ordres du
général de Saint-Arnaud. Je me trouvais détaché et
campé dans un endroit qu'on appelait, du nom d'une
tribu voisine, les *Beni-Mansour*. Nous étions en pays
ennemi, au pied du Djurdjura, à 22 lieues Est d'Aumale
(Ksour-Ghozlan), l'ancienne *Auzia* des Romains; et ce
camp, placé sous les ordres immédiats du colonel Bour-
baki, n'avait sa raison d'être en ces lieux que pour la
construction qu'on y faisait d'une forteresse dite *Maison
de Commandement*.

Tous les deux ou trois jours, des corvées en armes,
fort nombreuses, sortaient du camp pour aller faire du
vert pour les chevaux et couper le bois nécessaire à la
cuisson des aliments.

Je résolus d'accompagner une de ces corvées, dans le
but d'explorer entomologiquement, quoique d'une manière très-rapide, les grands bois d'oliviers qui se trou-
vent à certaine distance des *Beni-Mansour*.

J'avais avec moi mon ordonnance, armé comme moi
de son fusil.

Nous abattîmes quelques perdrix rouges, en passant;
puis je me mis à prendre sur les fleurs, sur des ombelli-
fères surtout, une grande quantité d'insectes de toute
espèce, dont il est inutile de citer les noms. Je prenais
goût à ma chasse.

Mais je songeai que le moment de la retraite était venu;
nous sortîmes donc du bois, et nous ne vîmes plus personne. La corvée était partie! Nous n'avions pas entendu
le clairon qui avait sonné l'heure du retour au camp.

La position était critique. Je l'envisageai avec assez
de sang-froid, tout en étant plongé dans mes réflexions,
qui, en cette occasion, n'étaient plus entomologiques du
tout, ni couleur de rose.

Tout-à-coup, nous voyons apparaître une trentaine de
Kabyles à cheval. Nous, nous étions à pied. Une inspi-
ration soudaine me vint à l'esprit, prompte comme l'éclair:
c'était de laisser supposer à ces cavaliers que nous
n'étions pas seuls.

Je vois encore ces maudits Kabyles à figures féroces
et rébarbatives, avec leurs longs fusils en bandoulière,
et qui nous regardaient dans le blanc des yeux.

Si nous avions fait mine de rentrer sous les fourrés du
bois, nous étions perdus. Que faire alors ? Passer simplement au milieu de leur groupe, en ne leur cédant même
pas le passage du sentier étroit qu'ils suivaient. C'est ce
que je fis, et avec le cigare à la bouche, par dessus le
marché ; j'avais continué à le fumer, non par bravade,
mais par excès de prudence. Mon ordonnance me suivait...
Mais quelle émotion et quels battements de cœur préci-
pités nous ressentîmes, lorsque nous nous trouvâmes,
grâces à Dieu, hors d'atteinte de pareilles rencontres !..

Il faut dire que, quelques jours avant, les Kabyles
avaient assassiné un zouave à cinq minutes du fort en
construction. Nous avions parfaitement conscience, moi
surtout, de notre situation plus qu'équivoque.

Enfin nous gagnâmes lestement les hauteurs des ma-
melons, d'où nous apercevions le camp des Beni-Mansour,
notre espoir, notre refuge, notre port de salut. Au bout
d'une bonne heure de marche forcée, nous rentrions sous

nos tentes. Nous étions à deux lieues du camp, lorsqu'en sortant du bois, nous avions rencontré les Kabyles.

Cet épisode me refroidit un peu pour les recherches d'insectes ; je ne chassai plus alors que tout près de notre bivouac, en perdant rarement de vue le front de bandière.

Je demande bien pardon à la Société de lui avoir fait le récit peut-être un peu trop détaillé, de cette dernière chasse, où il n'est question que de l'entomologiste ; mais comme ce récit se rattache, d'une manière indirecte, à l'entomologie, j'ai cru devoir l'ajouter aux chasses exceptionnelles des coléoptères d'Algérie, dont je viens de faire la description.

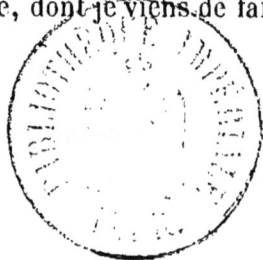

Amiens, 6 novembre 1866.

Amiens. — Imp. LEMER aîné, place Périgord, 3.

www.ingramcontent.com/pod-product-compliance
Lightning Source LLC
Chambersburg PA
CBHW060454210326
41520CB00015B/3951